餅まきが原因ではなかった!!

彌彦神社事故の真実

中川洋一

近代消防社

序　文

多くの人が集まって「群集」を形成するとき、集まる人の数が極度に大きくなると、人同士の強い圧迫や転倒による事故の危険性が高まり、とくに移動を伴うときは重大な人身事故に発展することがあります。「群集事故」と呼ばれるこうした事故は過去繰り返し起き、数多くの悲劇を生んできました。

新潟県にある彌彦神社で1956年（昭和31年）に起きた事故もその一つです。新年を迎えたばかりの元日の午前0時20分頃、初詣客で賑わう真夜中の境内で群集雪崩が起き、124人もの人が亡くなりました。日本国内で起きた群集事故としては20世紀最大のものです。

この事故はこれまで長い間、発生原因が誤解されたまま伝えられてきました。新年を祝って行われた餅まきが事故の原因であるとされてきたのです。ところが、今回、筆者の手元にある資料を詳しく分析し直した結果、原因は別のところに絞られてきました。事故の発生過程も初めて明らかになり、従来の餅まき説は根本から覆りました。本書の最大の目的はその新事実をご紹介することです。またそれと合わせて、他の事故との共通因子を探り、群集事故の発生メカニズムについても考察を重ねました。

事故は偶然に起きるものではなく、そこには事故に至る背景や、発生のきっかけとなる原因が必ず存在します。この事故にも、当時の時代背景や社会環境が大きくかかわっていました。群集事故の再発を防ぐためには事故事例に科学的な検討を加えて原因や背景を明らかにし、そこから事故防止の方策を導き出すことが不可欠です。本書がその一助になれば幸いです。

令和３年10月

中　川　洋　一

目　次

悲劇への序章

悲劇への序章

大晦日深夜の国鉄弥彦駅。列車が到着するたびに大勢の参拝者が降り立ちます。目指すは彌彦(やひこ)神社。途中、沿道の旅館から出てきた泊りがけの参拝者も加わり、列は徐々に大きくなります。当時流行の鳥打帽を被った男性たちにまじり、ショールを肩にまとった和装の女性、背広上下にソフト帽というあらたまった姿の男性参拝者も多く、信仰心の篤さを感じさせます。途切れることなく続く人の列はやがて随神門(ずいじんもん)の手前にある15段の石段にさしかかりました。めずらしく雪のないこの年、人々は足元を気にすることもなく上って行きます。この石段がのちに大惨事の舞台になろうとは、このときは誰も想像していませんでした。

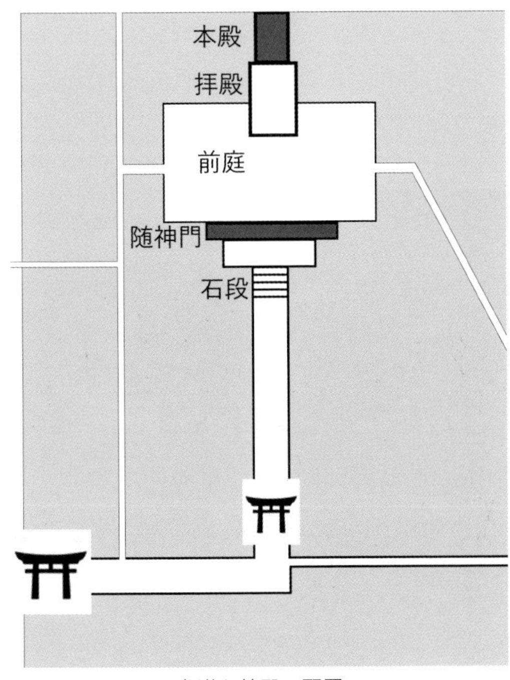

参道と社殿の配置

社殿の配置と周辺環境

昭和31年1月1日（日）の午前0時20分ごろ、新潟県西蒲原郡弥彦村（やひこむら）にある彌彦（やひこ）神社で初詣客の群集雪崩事故が起き、124人が亡くなりました。20世紀最大の群集事故です。この衝撃的な事故は一体どのようにして起き、なぜこのような大災害に発展したのでしょうか。

事故の状況を理解するうえで欠かせないのが、神社の参道や社殿の配置、この地方での初詣の習慣などを知っておくことです。まず、そのことについて触れておきます。

越後の一の宮である彌彦神社は漁労や農耕の神様として古くから篤い信仰を集めています。弥彦山の麓に位置するこの附近は温泉が湧き出ることから、神社の門前町には、土産品店と並んで旅館やホテルも軒を連ね、湯治や観光と神社への参詣を兼ねた来訪客が絶えません。現在も年間140万人前後の人が訪れています。

神社はJR弥彦線の終点「弥彦駅」から歩いて20分ほどのところにあります。一の鳥居をくぐって境内に入るとそこは鬱蒼とした杉並木。左折して二の鳥居を過ぎると100メートル先に参拝者を迎える随神門が両翼を広げています。その手前にある15段の石段は、事故当時の幅は7メートル70センチ、最上段はこれよりやや広いテラス状の踊り場になっています。

現在の石段と随神門

拝殿とその前庭　右下は随神門の影

随神門の中央開口部は間口が3.14メートルあり、これをくぐると拝殿前広場に出ます。周囲を塀で囲まれた広場は2,200平方メートル、広場の左右には背後の山地などに通じる３つの出入口があります。

事故当時は、新年の到来を告げる午前０時の打ち上げ花火を合図に、随神門両翼の上に組まれた櫓からこの拝殿前広場に向けて餅まきが行われました。しかし、事故が起きたのは拝殿前広場ではなく、随神門の外にある石段の下方附近と見られます。

事故の背景に「二年詣り」の習慣

事故に至る背景として指摘されているのが「二年詣り（にねんまいり）」と呼ばれるこの地方独特の習慣です。これは、大晦日の深夜に一度お参りをして旧年中の無事に感謝し、境内などで時間を過ごしたあと、暦が新年に変わってから再び拝殿にお参りをして新年の幸運を祈るというものです。このため、例年夜中の零時前後に人出のピークが形成されます。

こうした習慣にあわせるために、鉄道や路線バスは、夜中を中心にした臨時ダイヤを組み、大晦日の深夜は弥彦駅への到着便を増発、０時半前後からは帰宅便を増やし、参拝者の輸送にあたってきました。ほかに、貸切バスで訪れる参拝者や泊りがけの初詣客も含め、大晦日の深夜が年間最大の人出となるのです。

この時代は本格的な経済の高度成長期より前のことで、一般家庭には自家用車はほとんどなく、人々の移動手段はもっぱら徒歩と自転車、そしてバスと鉄道でした。広いエリアから集まる参拝者が利用したのも鉄道や臨時バスなどでした。事故の背景にはこうした移動の形態に加え、深夜帯に人出のピークを迎える参拝パターンなどがあり、それらが絡み合って事故に発展していたのです。

事故はどう伝えられてきたのか

メディアが伝えた事故の概要

大きな事故であっただけに、彌彦神社事故は様々な文書や文献に記事がしばしば登場します。ところが、それらのほとんどすべてが事実とは大きく隔たった内容であることが、筆者の手元にある資料を分析した結果明らかになりました。それに初めて気づいたときは大変驚きました。資料の内容はのちほどご紹介するとして、本章では、この事故がこれまでどのように伝えられてきたのかを、いくつかの記事を参照しながら振り返ってみます。なお、これらの記事を非難する意図は筆者には全くありません。どうぞご理解ください。

まず、ここに載せたコピーは、筆者の手元にある当時の折り込み広告です。これはニュース映画の上映を予告する映画館のチラシです。このチラシには発行者や発行日の記載がありませんが、発行したのは当時新潟県西蒲原郡吉田町（現在、燕市）にあった吉田劇場であると思われます。この劇場は昭和30年代末にはすでに閉館、関係者も他界していて詳細は不明です。ここには事故の概要が次のように記されています。

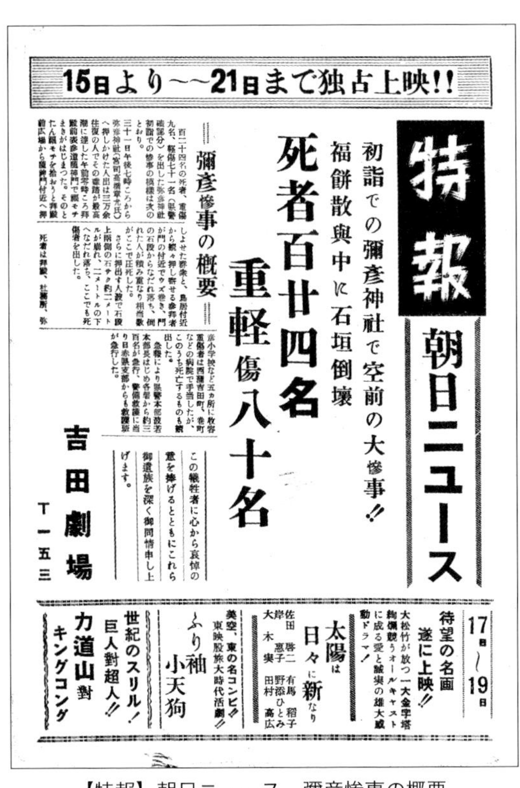

【特報】朝日ニュース　彌彦惨事の概要

【特報】朝日ニュース　彌彦惨事の概要

百二十四名の死者、重傷九名、軽傷七十一名（県警確認分）を出した彌彦神社初詣での惨事の模様は次のとおり。

三十一日午後七時ころから彌彦神社（宮司高橋章允氏）へ押しかけた人出は三万余。往復の人でその雑踏が最高潮に達した午前零時ころ拝殿前表参道随神門で福モチまきがはじまった。そのとたん福モチを拾おうと拝殿前広場から随神門付近へ押しよせた群衆と、鳥居付近から続々押し寄せる参拝者が門の付近でウズ巻き、門の石段からなだれ落ち、倒れた人が積み重なり相当数がここで圧死した。

さらに押出す人波で石段上両側の石サク約二メートルが崩れ、二メートルの下へなだれ落ち、ここでも死傷者を出した。

死者は拝殿、社務所、弥彦小学校など五カ所に収容、重傷者は西蒲原郡吉田町、巻町などの病院で手当てしたが、このうち死亡するものも続出した。

急報により県警本部波若本部長はじめ各署から約三百名が急行、警備救護に当たり日赤県支部からも救護班が急行した。

事故の翌日１月２日は新聞休刊日でしたが、地方紙の中には臨時夕刊を発行して事故の様子を伝えたものもあり、３日には全国紙も一斉にこの事故を報じました。週刊誌の中には特集記事を組んだものもあります。

筆者が参照したのは、朝日、毎日、読売、新潟日報、以上の４紙で、いずれも1956年（昭和31年）１月３日付の朝刊です。冒頭の映画館のチラシにある「彌彦惨事の概要」は、１月３日付の地方紙と同じ内容です。

ここでは、事実関係として、次の３つのことが記されています。まず、「餅まきが大混乱のきっかけとなったこと」、そして、「石段からなだれ落ちた人が積み重なり、相当数が圧死したこと」、さらに「最上段の玉垣が崩れ、死傷者が出たこと」、などの点です。

一方、同じ３日付の全国紙の中には124人の死亡現場を玉垣の崩落場所であるとしているものもあり、事実関係の記述が地方紙のものと違っています。

「彌彦神社丙申事故裁判記録集」にある記述

この事故は神社側の管理責任を問う刑事裁判となり、事故から11年後の昭和42年、最高裁判所で神社関係者３人に対する罰金刑が確定しました。彌彦神社はこのとき、一連の裁判の記録を「彌彦神社丙申事故裁判記録集」としてまとめ、弁論の様子を今日に伝えています。起訴状の中では事故の状況が次のように語られています。

■「……撒散終了とともに帰路を急ぐ門内の参拝者の群は密集した状態のまま一時に門を通って石段に押し出ようとし、これと礼拝を急ぎ拝殿前広場に入ろうとする多数の参拝者とが随神門の狭隘な通路及び足場の悪い石段付近において互に衝突し、異常な混乱を生ずることとなり……」。

この記述は、 衝突の場所を、随神門の狭隘な通路と石段付近であるとしていて、冒頭で紹介したチラシの記事とよく似た内容です。

同じく弁護側弁論要旨の中には、随神門の櫓の上で事故を目撃した神社職員の話が収載されています。

■「櫓上からこれを見た瞬間の感じでは、上下する参拝者が石段下方でぶつかっては揉みあい、バタバタと人が倒れていく様子と思われた。そして人の流れがハタと静止したとき、突如として一団の群集が随神門から石段に向って喊聲をあげ、ドッと押出してゆくありさまが目に入り、それを見るより石段付近は全く混乱状態に陥り、左右にふくれ上った人波のために玉垣がくづれはじめ、これと一緒に落ちた人の上をさらに避難しようとする人々がどんどん飛びおり全く手のつけようもない状態になってしまった」。

■「急遽随神門前に至り梯子を横倒にして随神門の出入口を遮断したるも群集のために梯子を奪い取られ、如何とも出来ない状態にあった……」。

「彌彦神社丙申事故裁判記録集」（昭和 44 年 彌彦神社社務所発行）

このように、裁判の中でも事故の様子は生々しく陳述されています。その要点は、これも初期の新聞報道と同じような内容です。

定説となった餅まき説

ここまでは、当時の記録やその後に出版された文献などから、事故の様子がどう伝えられてきたかをみてきました。その骨子は、「餅まきが大混乱のきっかけとなったこと」、「餅まき終了と同時に一斉に帰宅行動が始まったこと」、「石段からなだれ落ちた人が積み重なり、相当数が圧死したこと」、そして「最上段の玉垣が崩れ落ち、そこでも死傷者が出たこと」、以上の４点です。この餅まき説は定説となって、様々な媒体を通じて今日まで繰り返し伝えられています。しかしこれらはいずれも今回明らかになった事実とは全く合致していないのです。

事故への社会の反応

あまりにも大きな事故であったため、地域社会には激しい動揺が起こりました。家族を失った人たちの救いようのない悲嘆、慟哭。誰にぶつけてよいのか分からぬ憤りなどが、当時の地域社会には渦巻いていたようです。当時を知る人の話では、そうした激しい感情の矛先は神社に向けられ、神社にとってそれは長く苦しい時代の始まりになったそうです。さらに、原因の一端は軽率な行動をした参拝者にもあるとして、参拝者たちも批判の対象になりました。

このような時代の空気は当時の新聞紙面にも色濃く反映し、各新聞紙上には当事者たちを批判する記事が相次いで掲載されました。外部識者の意見を引用する形をとりながら、例えば参拝客集めに熱心な神社の金もうけ主義が「原因」であるとか、「無秩序な群集自身の振る舞いが原因」、「モチ一個のために野獣化（識者の談話）」など、神社と参拝客の双方を戒める記事がいくつか掲載されたほか、中には国鉄に対する非難を載せたものもあります。曰く、神社の収容可能人数を考慮せずにやたらに乗客を運ぶ国鉄の姿勢にも問題があるといった内容です。その後も科学的検討が行われることなく、いつしか餅まき原因説が定説化されていきました。

驚きの新事実

ところで、この事故には貴重な記録が残されていました。事故の一部始終を捉えた６枚の組写真です。撮影者は弥彦村の隣町、吉田町（現在、燕市）で小間物店を営んでいた南部秀雄氏（1917 ～ 2000）です。南部氏は剣道５段の腕を持ち、各種

6枚の写真の撮影者：南部秀雄氏

の大会で活躍する一方、写真に関しても高い技術を持っていました。四十数台のカメラを持ち、自宅には暗室を備え、現像や焼き付けも行っていました。

南部氏が遺した6点のモノクロ写真は、いずれも四つ切サイズに引き伸ばされたものです。それらを入れた箱の表には「永久保存」と朱書されていて、これらがフルセットで後世に伝わることを南部氏は強く望んでいたようです。写真には、驚きの事実が記録されているほか、写真を貼った台紙の裏には南部氏自筆の説明書きがあり、そこには事故の一部始終が克明に記されています。それらを詳しく分析すると、これまで語られてきた「定説」とは全く異なる事故の姿が浮かび上がってきました。それらをもとに、彌彦神社事故の真相はどうであったのか、あらためて検証を始めましょう。

カメラが捉えた事故の真相

事故の直前直後を記録した６枚の組写真

南部秀雄氏が遺した現場写真には１から６までのナンバーが振られ、裏には青いインクで撮影者自身のコメントが記されています。一枚一枚の写真には訴求力があり、見ているだけで様々なイメージが頭の中に広がります。撮影者の意図に従い、まず６枚すべてをナンバー順にご紹介します。

〔写真 No.１〕撮影日時の記載なし

１枚目のこの写真には撮影日時の記載がありません。一の鳥居と女性２人の顔を組み合わせたもので、事故の悲惨さを表現したイメージショットであると思われます。撮影日時の記載がないのはこの写真だけです。次の No.2 から No.6 までの写真には撮影時刻が明記され、事故の発生過程がよく捉えられています。

〔写真 No.２〕午後 11 時 59 分頃

これは、大晦日の午後11時59分頃、拝殿に向かう参拝者を、拝殿側から迎えるように撮影したものです。ほとんどの顔がこちらの拝殿に向いています。奥に見えている随神門の左翼舎には梯子がかけてあるのが見えます。人出が最大となる時刻であるだけに、拝殿の前庭はほぼ人で埋め尽くされています。

〔写真 No.3〕午前0時0分頃

これは午前０時０分頃の撮影。暦が変わり、新年の到来を告げる花火の打ち上げと同時に随神門両翼の上から餅まきが始まりました。参拝客はほぼ全員が拝殿に背を向けて随神門の方を向いています。画面の右下には神社関係者と思われる腕章をつけた人の姿があります。

〔写真 No.4〕午前0時5分頃

４枚目は午前０時５分頃、随神門の上にあがり拝殿前広場を撮影したもの。拝殿は写真の右上の方角にあります。餅まきは暦が変わる０時ちょうどに始まり３分ほどで終わりました。したがってこれはその数分後の様子を撮ったものです。混み合ってはいますが混乱している様子は見られません。

〔写真 No.5〕午前0時20分頃

５枚目の写真は午前０時20分頃、事故発生の様子を捉えたものです。同じ随神門の上から外の参道方向を撮影。画面の手前（右下）には随神門を出て帰途につく人々の背中が見えています。一方、画面の奥（左上）は、顔をこちらに向けた一群の人々で埋まっています。これらの人々は参拝に向かう途上にあるとみられます（※この写真は１月３日付けの新聞各紙に掲載され、その存在は当時から知られていました）。

〔写真 No.6〕31 年3月 18日　夜7時頃

事故の2か月あまり後に撮影された現場付近の様子。わずかに残雪が見えています。石段は事故当時と同じものです。その後改修が行われ、現在の石段はこれより幅が広がり、途中に踊り場が設けられるなど、この写真とはやや異なる形をしています。

定説とは異なる事実関係

ご紹介したように、6枚の写真からは、事故の様子を後世にきちんと伝えたいという撮影者南部秀雄氏の意図がはっきり伝わってきます。ことに、事故の発生過程を記録したNo.2からNo.5までの写真には撮影時刻が明記されていて、それらは事故の進展の様子を探るうえで大きな手掛かりとなります。

これらの写真から判明したことは、

① 餅まき自体は何事もなく終わったこと。

② その数分後の境内では、人々は思い思いの方向に自由に動くことができた。

③ 石段最下段付近で事故が始まったのは0時20分ころであったこと。

……などの事柄です。これらはこれまで伝えられてきた定説とは大きく異なり、事故の真因を探るうえでの新たな材料となるものです。

玉垣崩落による転落死はあったのか

もう一つ見直さなければならないことは、当時の報道などで、「最上段の玉垣が崩れ、ここから大勢が転落して亡くなった」とされる事柄です。これは果たして事実なのでしょうか。写真を撮影した南部秀雄氏は、No.5の写真を撮ったあとハシゴをとられ、そのまま30分以上も随神門の上に留め置かれました。玉垣崩落による転落事故があったとすれば、それは南部氏の足元で起きていて、終始目撃していたはずです。この点について南部氏は、No.5の写真の裏書きにしっかり書き残していました。

《南部氏コメント（一部を抜粋）》　　誤っている各新聞報道

各新聞全部が石垣が崩れて大部分の人々が石垣下になだれ落ちて死亡せし如く報道せられてをりますが、これは大変な誤報です。この私が惨事の初めより終り迠餅投げ場にて見てをりまして現場の写真も撮ってあり、左記の説明をよくお讀み下さい……。

この場所は下まで五尺位ですが群衆が崩れ落ちて積みかさなって死んだ様ではありません。石垣が落ちてそれと共に落ちて負傷した者は有ったでせうが、この場所より重傷者が運搬せられる状態を私はみなかった　私は梯子を取られ屋根上に三十分以上も居りました……。

このように、玉垣が崩れて大勢が転落死したことについてははっきりと否定し、それは誤報であると断じています。

さらに、このことを裏付ける資料が裁判記録の中にもあります。刑事裁判の第一審に出された検察の訴状の中に、死者124人全員の名簿があり、個々の死者について、氏名・年齢・住所・死因・死亡年月日・死亡場所の６つの項目が一覧形式で明示されています。この中の死亡場所を辿っていくと、124人中の122人までが「随神門前石段付近」なのです。あとの２人はそれぞれ（収容先の）旅館と診療所となっていて、ほぼ全員が石段付近で亡くなっていることが記されています。玉垣落下による死傷者については、裁判記録の中には記述がありません。

南部秀雄氏は、このような写真とコメントを遺しました。目撃者兼撮影者、記録者であった南部氏の写真とコメントには動かし難い真実が含まれていると思われます。次章ではこれらの写真をさらに深く読み、事故に至る軌跡を辿っていきます。

最上段は地上からの高さが２メートル前後
丸印は事故のときに落下した玉垣（写真の人物は筆者）

4 事故発生に至る軌跡

事故への軌跡を辿る

６枚の写真のうち、No.２からNo.５までの４点には撮影時刻が明記され、事故発生前後の様子がよく記録されています。事故についてのこれまでの既成観念や先入観を捨て、虚心に写真と向き合うと、従来唱えられてきた餅まき説とは異なる、全く新しい事実が浮かび上がってきます。

写真を読み解くうえでの大事なポイントは人々の「顔の向き」です。写真には多くの人の顔が写っていますので、その顔の向きと撮影時刻に注目しながら、事故発生に至るまでの道筋を辿ってみましょう。

〔写真 No.２〕（午後 11 時 59 分頃撮影）　新年の到来を静かに待つ人々

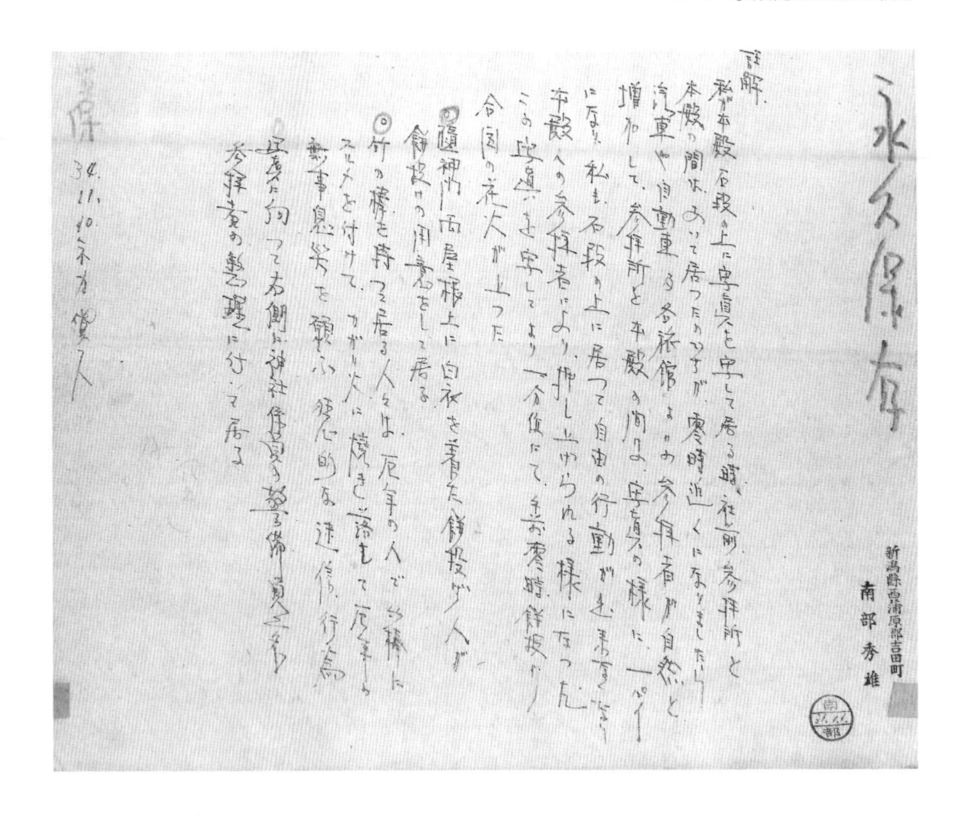
永久保存

新潟縣西蒲原郡吉田町
南部秀雄

註解
私が本殿石段の上に写真を写して居る時、社前参拝所と
本殿の間はあいて居つたのですが、零時近くになりましたら
汽車や自動車及各旅館よりの参拝者が自然と
増加して、参拝所と本殿の間は、写真の様に一パイ
になり、私も石段の上に居つて自由の行動が出来なくなり
本殿への参拝者により、押し上げられる様になつた
この写真を写してより一分位にて、午前零時餅投げ
合図の花火が上つた
◎随神門両屋根上に白衣を着た餅投げ人が
餅投げの用意をして居る
◎竹の棒を持つて居る人々は厄年の人で竹棒に
スルメを付けて、カガリ火に焼き落して厄年の
無事息災を願ふ狂心的な迷信行為
写真に向つて右側に神社係員警備員二名
参拝者の整理に付いて居る

34.11.10

《No.2 台紙裏書(一部を抜粋)》 餅投げ寸前の参拝者　1955年最後の参拝者　11時59分頃

零時近くになりましたら、汽車や自動車及各旅館よりの参拝者が自然と増加して、参拝所と本殿の間は、写真の様に一パイになり、私も石段の上に居って自由の行動が出来なくなり、本殿への参拝者により、押し上げられる様になった。この写真を写してより一分位にて、午前零時、餅投げ合図の花火が上った。

随神門両屋根上に白衣を着た餅投げ人が餅投げの用意をして居る。竹の棒を持って居る人々は厄年の人で、竹棒にスルメを付けてカガリ火に焼き落として厄年の無事息災を願ふ狂心的な迷信行為。

写真に向って右側に神社係員の警備員二名　参拝者の整理に付いて居る。

(※上記説明書きに「本殿」とあるのは厳密には「拝殿」のこと。本殿は拝殿のさらに奥にあり、一般の人がこれに近づくことはありません。以下同じ)。

暦が新年に変わる1分前。全員が足をとめ、拝殿の前で静かに何かを待っている様子です。何を待っているのでしょうか。まず考えられることは2度目の参拝をするタイミングを待っているということです。新年に入ってからもう一度お詣りをすることはそもそも最初からの目的でした。わざわざ深夜のこの時間帯を選んで神社に足を運んでいるのもそのためです。その新年が明ける瞬間を待っているとみるのはごく自然なことです。

もう一つは餅まきが始まるのを待っている、とも考えられます。じつは、前年はじめて行われた餅まきはこの拝殿からでした。それがこの年は変更になり、うしろに見えている随神門両翼の上に櫓を組み、そこから撒くことにしたのです。より広い範囲に、より多くの人々に福餅を届けたいというのが神社側の狙いでした。

餅まき場所の変更を告げる張り紙は手洗い所と随神門の中に掲示されていましたが、これに気付いた人は少なかったようです。裁判記録に記された弁護側の弁論の中にも、「約三十名の警官が午后九時頃列を為して参拝し居るにも拘わらず見なかったと証言し居る……」との記述があり、場所変更の告知は人々に気づかれにくかったようです。そのため、かなりの人が前年同様拝殿前で行われると思い違いをし、その開始を待っていた可能性があります。

〔写真 No.3〕（午前0時0分頃撮影）　餅まきが始まった

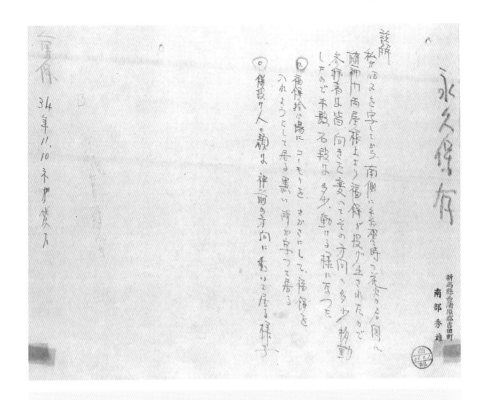
永久保存

随神門両屋根上より福餅が投げ出されたので
参拝者は皆向きを変へてその方向へ多少移動
したので本殿石段は多少動ける様になつた
○福餅拾ひ場にコーモリをさかさにして福餅を
入れようとして居る黒い所が写つて居る
○餅投げ人の顔は神前の方向に向いて居る様子

新潟縣西蒲原郡吉田町
南部秀雄

保存
34年11.10

《No.3 台紙裏書（一部を抜粋）》　餅投げ風景　花火の合図により　午前0時0分頃

午前零時の花火の合図に随神門両屋根上より福餅が投げ出されたので、参拝者は皆向きを変へてその方向へ多少移動したので本殿石段は多少動ける様になった。福餅拾ひ場に、コーモリを、さかさにして、福餅を入れようとして居る、黒い所が写って居る。

餅まきの最中を撮った１枚。この午前０時は人出のピークとなる時刻であるだけに、手前の拝殿から向こうの随神門まで人波で埋まっています。混みあってはいますが混乱しているようではありません。画面右下に神社関係者と思われる腕章をつけた人の姿があります。この人にも動揺している様子は見られません。画面の奥、随神門の近くでは多くの人がざわついている様子で、そこが撒かれた餅の届く範囲（点線部分）と思われます。手前、後方の人はそれを遠巻きに眺めているだけで、餅をめがけて突進、蝟集（いしゅう）するなどの激しい動きは見られません。画面左上の円の中にはさかさまのこうもり傘が写っていて、餅投げの最中であることが分かります。

〔写真 No.4〕（午前0時5分頃撮影） 平静さを保つ拝殿前広場

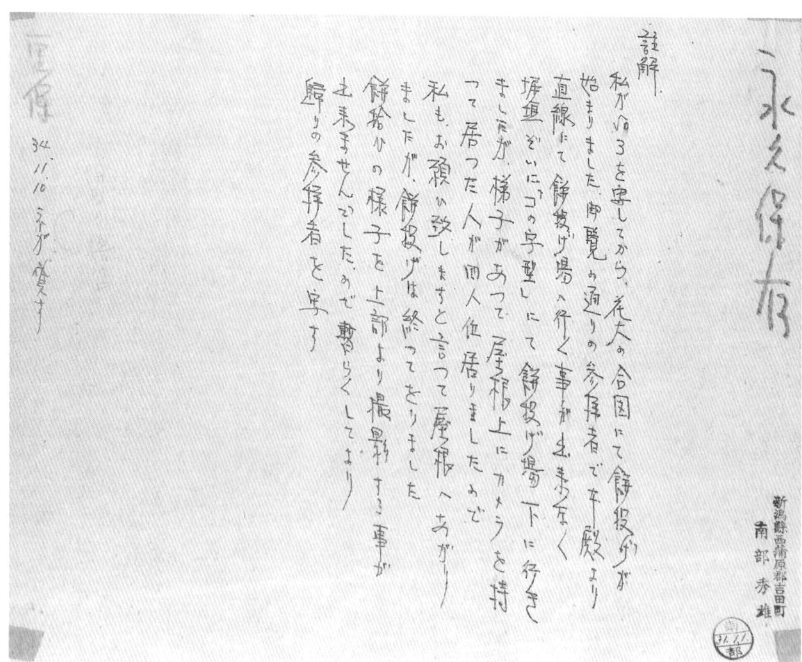

永久保存

註解

私がNo3を写してから、花火の合図にて餅投げが
始まりました。御覧の通りの参拝者で本殿より
直線にて餅投げ場へ行く事が出来なく
塀垣ぞいに「コ」の字型にて餅投げ場下に行き
ましたが、梯子があつて屋根上にカメラを持
つて居つた人が四人位居りましたので
私もお願ひ致しますと言つて屋根へあがり
ましたが、餅投げは終つてをりました
餅拾ひの様子を上部より撮影する事が
出来ませんでした。ので暫らくしてより
帰りの参拝者を写す

新潟県西蒲原郡吉田町
南部秀雄

34.11.10 ネガ貸す

《No.4 台紙裏書（一部を抜粋）》

餅投げ終了後の社前広場　０時５分頃　随神門に向って歸途中の群衆。

御覧の通りの参拝者で本殿より直線にて餅投げ場へ行く事が出来なく、塀垣ぞいに「コの字型」にて餅投げ場下に行きましたが、梯子があって屋根上にカメラを持って居った人が四人位居りましたので、私もお願ひ致しますと言って屋根へあがりましたが、餅投げは終ってをりました。餅拾ひの様子を上部より撮影する事が出来ませんでしたので暫らくしてより歸りの参拝者を写す。

餅まきは3分ほどで終わりました。これはその数分後に随神門上の櫓の上から撮られた写真で、混雑してはいますが押し合いなどの様子はどこにも見られません。人々は静かに歩いています。注目すべき点は、群衆の顔の向きがまちまちだということです。これには重要な意味があります。つまり、この時点では人はそれぞれの望む方向に自由に動くことができたことを示しています。この時、事故はまだ起きていないのです。

拝殿前広場での参拝者たちの動きを考えてみましょう。餅拾いに興じたあと、ほとんどの人は、２度目の参拝をするため再び拝殿に向かったはずです。順番待ちのあと拝殿前まで進むと賽銭を投じて鈴を鳴らし、「二礼四拍手一礼」という作法でお詣りをします。そのあとは直ちに帰途につく人がいる一方で、おみくじを引いたり、篝火（かがりび）で神札を焼いたり、あるいは授与所に立ち寄ってお札や縁起物を求めたりなど思い思いの過ごし方に変わっていったことでしょう。随神門を入ってから出るまでの滞在時間は人によりまちまちだったはずです。現に、餅拾いのあと拝殿へ向かったとする証言がいくつも残されています。

参拝者たちの動きをこのように考えると、「……撒散終了とともに帰路を急ぐ門内の参拝者の群は密集した状態のまま一時に門を通って石段に押し出ようとし……」という従来の説明には無理があると言わざるを得ません。この写真は、従来唱えられてきた「餅まきの混乱がそのまま門から押しだし事故につながっていった」とする説を覆す重要な１枚です。

餅まき説を否定するもう一つの論拠

餅まき説を覆す傍証がもう一つあります。**写真No.３**には餅まきの様子が、遠望ではありますが捉えられています。ところが南部秀雄氏は、「餅拾ひの様子を上部より撮影する事が出来ませんでしたので……」という一節を、**写真 No.４**の台紙裏書きの中に書き残しています。残念そうな気持ちがにじむ一節です。これはどういうことでしょうか。

そもそも南部氏がこの時間にカメラを携えて神社に来ていたのは、餅まきの様子を撮影することが最大の目的だったのではないでしょうか。そう考えると、いろいろなことが見えてきます。例えば、０時０分の餅まき開始の瞬間はどこでカメラを構えていれば最良の写真が撮れるのかを考えてみましょう。その解答は南部氏自身が示しています。午後 11 時 59 分頃撮影の**No.２の写真**がそれです。餅まき開始まであと１分というこのとき、南部氏は拝殿の賽銭箱のわきに立ち、参拝者を迎える位置でカメラを構えていました。そこは地面より高い位置にあり、多くの人の顔が見渡せます。「両手を高く挙げて餅拾ひに興じる人々……。その喜々とした表情をこの場所から捉えることができれば、それは、新春の到来を伝える躍動的な１枚になる……」、南部氏はそう思っていたのかも知れません。

餅まき場所の変更を告げる張り紙は、随神門の中などに張り出されていました。しかしそこを通過する人たちの視線は、正面に見える拝殿やその前庭に向けられていたのではないでしょうか。張り紙に気付いた人は少なかったようです。

場所の変更を知らずに餅まき開始を待っていた人は南部氏だけではありません。写真に写る多くの人の中には、そういう人がいたかもしれません。となると、餅拾いに参加しようとしていた群集は最初から拝殿前と随神門下とに二分されていたことになります。群集事故が起きる可能性はますます小さくなります。

〔写真 No.5〕(午前0時20分頃撮影) 事故発生の引き金となったのは……

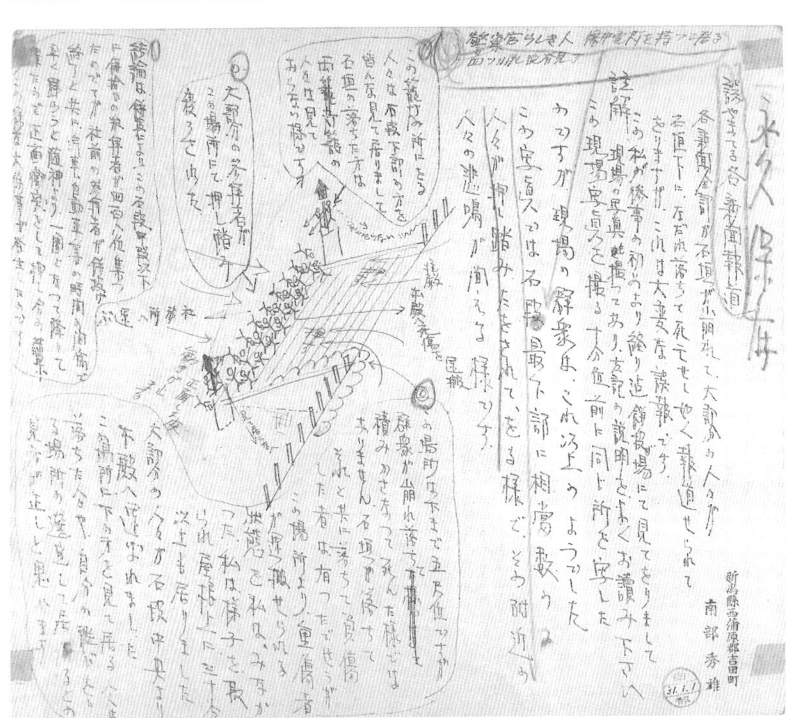

永久保存

誤まてる各新聞報道

各新聞全部が石垣が崩れて大部分の人々が
石垣下に、なだれ落ちて死亡せし如く報道せられて
をりますが、これは大変な誤報です。
この私が参事の初めより終り迄餅投場にて見てをりまして
註解 現場の写真を撮ってあり、左記の説明をよくお読み下さい
この現場写真を撮る十分位前に同じ所を写した
ものですが、現場の群衆は、これ以上のようでした
この写真では石段最下部に相当数の
人々が押し踏みたおされて居る様で、その附近の
人々の悲鳴が聞える様です。

警察官らしき人 懐中電灯を持って居る

この籠灯の所に居る人々は石段下部の方を皆んな見て居りまして石垣の落ちた方は両籠灯籠の人々位見ておらない様です

大部分の参拝者がこの場所にて押し踏み殺された。

結論は餅まきによりこの石段最下段下に参拝者が四百人位集ったのですが社前の参拝者が餅投げ終ると共に、自動車等の時間の関係で早く帰らうと随神門より一団となって降りて来たので正面衝突として押し合い

社務所へ

本殿へ負傷者運搬

この場所は下まで五尺位ですが群衆が崩れ落ちて死んだ様では積みかさなってありません 石垣が落ちてそれと共に落ちて負傷した者は有ったでせうがこの場所より重傷者が担ぎ出されるのを私はみて居りました 私は梯子を取られ屋根上に三十名以上も居りました

大部分の人々が石段中央より本殿へ運ばれました

新潟県西蒲原郡吉田町
南部秀雄

《No.5 台紙裏書（一部を抜粋)》

随神門下の惨事現場　午前0時20分頃

石段最下部に相當数の人々が押し踏みたをされてをる様で、その附近の人々の悲鳴が聞える様です。私は梯子を取られ屋根上に三十分以上も居りました。社前の参拝者が餅投げ終了と共に、汽車、自動車等の時間の関係で早く歸らうと、随神より一團となって降りて来たので正面衝突をして押し合の結果この様な大惨事が発生したのです。

写真No.5は0時20分頃に撮影されたものです。餅拾いに興じ、二年詣りをするなどして拝殿前広場に滞留していた人たちにも、やがて帰宅を始めるときが来ます。その帰宅行動が本格化しはじめたのがこのころです。

事故発生の引き金となったのは……

同じ頃、外の世界では思わぬ事態が進行していました。弥彦駅への到着列車が軒並み遅れていたのです。第1審の弁護側弁論要旨の中に、「23時38分弥彦駅到着の列車は20分延着、23時1分同駅到着列車は20分延着」との記述があります。その中の午後11時38分に到着予定だった“参拝”列車が弥彦駅のホームに滑り込んだのは11時58分でした。二年詣りには間に合いませんが、列車から降りた1,826人の参拝者たちは彌彦神社への道を急いだことでしょう。

列車一編成の乗客が千人を超えると、最後の一人がホームへ出るまでに10分くらいかかることを、当時の駅長が証言しています。駅から神社までは徒歩20分くらい。こうした時間条件を突き合わせると、新たな参拝者の先頭集団とそれに続く本体が続々と鳥居をくぐり、拝殿に向かって参道を進んでいたのはちょうどこのころです。**写真No.5**は、まさにその0時20分にシャッターが切られたものです。

画面の手前には帰途についた人々が階段を下りるうしろ姿、そして画面の奥には、顔をこちらに向け、拝殿を目指す夥(おびただ)しい数の人の群れが見えます。これは遅れて到着した列車1編成分の人たちです。双方とも石段の幅いっぱいに広がったまま、最下段あたりで出会いました。正面衝突による混雑はやがて混乱となり、事故へと突入していきました。事故の直接の引き金となったのは餅まきではなく、列車の延着という「外因」であったのです。

双方がぶつかり合う最前線は画面が黒ずんで見えます。これは何人かがその場に倒れ込んでいる様子と思われます。試みにその部分（楕円部分）を拡大してみます。

ここには下をのぞき込む多数の顔と、２人が右手を挙げているところが写っています。

３人の視線の先が足元の一点に集まっています。そのそばでは２人が左手を挙げ、何かを制止するような動作を見せています。あわただしさを感じさせるシーンです。そこでは何らかの異常事態が起きていることが推測できます。

さらに、その後方を拡大してみましょう。

延着列車に乗っていた参拝者たちの集団です。参道いっぱいに広がり、この地点ですでに相当な密集状態です。石段を下り始めた帰宅者たちが、ここを突破して外へ出ることは不可能に思えます。

列車の運行上、1編成に遅れが出ると、後続の列車にも次々に影響が及んでいきます。現にこのときも、この十数分あとには、後続の遅延列車から降りた別の参拝者集団がこの場に加わってきたのです。そして、随神門からは、帰途につく人たちが切れ目なしに出てきます。参道や石段は、上と下から人の流入が続き、時間の経過とともに収拾のつかない混乱に陥っていったことでしょう。

一方、中段付近の四角い枠の中には、人の流れに逆行するように上を目指す2人の男性の姿があります。階段途中のこの辺りでは、こうした行動がまだ可能であったのです。一見異質と思われるこうした様々な事柄が、この1枚の中に写し込まれています。こうしたことから、これは124人が亡くなった大事故の全体像を撮ったものではなく、その「始まりの瞬間」を捉えたものであることがわかります。事故はこうして始まりました。

この事故の始まり方には大きな注目点があります。**写真 No.5**の右下半分は随神門を出て帰途についた人たちの後ろ姿です。下り階段が始まるこのあたり、慎重に足元を確かめながらゆっくり前進する善男善女たちの背中が見えています。初詣を終えてすがすがしい気分だったことでしょう。ここまでは例年と変わらぬ穏やかな正月風景です。このとき、つい数メートル先で起きている異変に、これらの人たちは全く気付いていない様子です。重要なのはこのことです。このまま前進を続ければ最下段付近の混乱に拍車をかけ、やがて事態を深刻化させます。はた目にはわかるこうした状況が、この人たちには見えていません。事態を悪化させる意識のないまま前進を続け、やがて自分たちも「知らない間に」渦中に呑み込まれていく……、これが群集事故の持つ非情さです。なんという痛ましいことでしょう。そこには悪意や作為などが介在する余地はありません。

事故発生のきっかけとして、「突如として一団の群集が随神門から石段に向って喊聲をあげ、ドッと押出していく……」といったことがこれまで語られてきました。しかし、この画像にはそうした集団の姿は映っていません。スキャンした電子画像をモニター上で拡大し、隅々まで調べましたが、小競り合いをしている様子や人を激しく扇動している集団などはどこにも写っていないのです。そのような集団がいれば事故は一層起きやすくなるでしょうし、その後の事故の拡大過程の中では実際にあったことなのかもしれません。しかし、事故発生の最初の瞬間にはそれがありませんでした。騒ぎを起こす人がいない中で事故は始まったのです。これは注目に値することです。この点についてはのちほど「6．繰り返される群衆事故」(P.33)の中でもう一度触れます。

ところで、「23時38分弥彦駅到着の列車は20分延着、23時1分同駅到着列車は20分延着」という情報は弁護側が出したものです。「これら二つの列車から降りた参拝者たちは、事故発生時にはまだ拝殿前広場には到着していない。したがって前庭の混雑はそれほどひどくはなかった」というのが弁護側の主張です。この場合の「事故発生時」は、餅まき終了直後、つまり0時3分を指していると思われます。一方本書では、「事故発生時」は0時20分と考えています。これは、**「写真 No.5」**という確かな物証から判断したものです。両者わずか十数分の違いですが、原因究明の結果はまるで異なるものになりました。

ここまでは、4点の写真と説明書きにより、事故の発生に至る道筋を辿ってきました。その要点をもう一度確認しておきます。

■**〔写真 No.2〕**午後11時59分頃撮影

新年が明けるまであと1分というこのとき、人々は歩みを止め、静かに「その時」

を待っていました。

■〔写真 No.3〕午前0時0分頃撮影

新年の到来を告げる花火と同時に餅まきが始まりました。多くの人がそれに興じていますが、混乱している様子はありません。腕章を着けた監視人も平静を保っています。餅まきは3分ほどで終わりました。

■〔写真 No.4〕午前0時5分頃撮影

餅まきが終わって数分後の拝殿前庭の様子です。この時点では、参拝者たちは思い思いの方向に自由に行き来ができていました。静かに行き交う人々の様子からは、大事故が起きる予兆は全く感じられません。

■〔写真 No.5〕午前0時20分頃撮影

参拝者たちの帰宅行動が本格化し、階段を大勢の人たちが降り始めました。一方、参道からは、遅れて到着した大集団がやってきました。道幅いっぱいに広がった両者は、ちょうどこのとき石段の最下段付近で出会い、すれ違いができない状態で全面衝突となりました。事故の始まりです。

静止画による記録とはいえ、No.2からNo.5までの写真には撮影時刻がしっかり記録されています。これら4点の写真を時系列に従い動態として再構築した結果、事故の進展状況をこのように組み立てることができました。その後この事故はどのように拡大していったのでしょうか。この点についてさらに検討しましょう。

5 事故拡大のプロセス

証言から探る拡大プロセス

こうして始まった事故は、最終的に124人もの人が亡くなるまでに拡大しました。現場では一体どのようなことが進行していたのでしょうか。

事故の具体的な状況を知る有力な手掛かりは当事者の証言の中にあります。「彌彦神社丙申事故裁判記録集」の中に載っている証言のいくつかを紹介します。事故の渦中に巻き込まれた人たちは、鮮烈な言葉でその時の状況や苦しみを次のように訴えています。

- 「人波に押されて賽銭箱のところまで行ってお詣りをすませてから石畳の参道を門の方へ押され、門前で殆ど動かなくなり、後から押されて足が宙に浮いてしまい、胸が圧迫されて苦しくなって来た。石段の処へ来たときは、妹の手を離してしまう。二、三段下りて左の方へ押され前方にのめった。その場所は石段の南脇だが、倒れた人が大勢重なっていたので下へ落ちたという感じはなかったが、私がのめると後の人も私の方に重なって倒れて来るので、下半身が人の間に挟まって息苦しくなって来た。私の下にも重なってべったり倒れており苦しい苦しいという声も弱まって来た。妹はと後を見たら、倒れずに立ってはいるものの、前によりかかるようにして人混みに挟まれて首をたれているので呼んで見たが返事がなかった」(女性17歳)。
- 「餅ひろいをしてから参拝所で参拝をすませて直ちに帰ろうとしたが門を通って石段にかかる頃は人波に押されて、ひとりでに来てしまい、石段の中程では足は前へ進まず、後から押されるので段々とうつむきになり、そのうちに足が宙にういて前方へ倒れたが、そこを又押されて失神した」(男性31歳)。
- 「賽銭箱の処へ行ってお詣りをすませて、12時40分の汽車に乗ろうと随神門の方へ進むと、私の後からも人が続いてきて、押され押され前進、門を出たと思う頃、前後左右ぎっしり人が詰って身動きもできなくなり、だんだんと外の方へ移動していった。出ようとする人と入ってこようとする人が階段の最下段辺りでぶつかり、上って来ようとする人の顔が最下段から参道にずっと続いていた。押されながら三、四段下りると、いくらもがいても体が自由にならず、胸が圧迫されて息もつまりそうで、一、二分間は息がとまったかと思われたこともあった。前後左右にどんな人がいたか、見ている余裕はなかった。誰か、助けてくれという悲鳴や喚き声があちこちに喧しく聞こえた」（男性 26 歳）。

■「人波に押され、蛇行しながら石段を上り、やっと随神門入口に辿りついたときは、門内に参詣人が密集してワアワアと声を出しながら、その頭がゆれて波うっていた。連れの娘達に拝殿は直ぐそこだ、早くお詣りをして帰ろうと云った途端に中から群集が押し出して来たので、娘の手をつかんで、石段の南端部分に後退し、その縁石に尻もちをついて、石段の下から二、三段目まですべり落ちて、そこから脇に逃れた」（男性 52 歳）。

■「押されながら石段右端のところを中段位まで上ったところ、門の方からどっと人が出て来て倒れそうになった。姿勢をとり戻して後から押されて上りだしたら、又人波が上から来て今度はいきなり石段下に右横に倒れたが、直ぐ起きて、脇の林の中に逃げこんだ。そこで石段の上から十人位ずつ一度に落ちるのを二回くらい見た。石段の真中あたりにいた人が一番余計落ちた。石段から下に折り重なって倒れていたが、その恰好は仰向け、四つんばい等様々であった」（男性 20 歳）。

事故はどのように拡大したのか

これらの証言のうち最初の２つには、事故がどのように拡大していったのかを示す重要な情報が含まれています。その内容を精査しましょう。

『……私がのめると後の人も私の方に重なって倒れて来るので、下半身が人の間に挟まって息苦しくなって来た。私の下にも重なってべったり倒れており、苦しい苦しいという声も弱まって来た……』（女性 17 歳）。

これは、「自分が前のめりに倒れると、うしろの人も自分の方に重なって倒れてくる」という訴えです。

『……石段の中程では足は前へ進まず、後から押されるので段々とうつむきになり、そのうちに足が宙にういて前方へ倒れたが、そこを又押されて失神した……』（男性 31 歳）。

この証言は事故の生成・拡大過程をよく伝えています。ここでは次の4つの事柄が述べられています。

①「石段の中程では足は前へ進まず……」

②「後から押されるので段々とうつむきになり……」

③「そのうちに足が宙にういて前方へ倒れた……」

④「そこをまた押されて失神した……」

これらは、事故がどのように拡大していったかを知るうえでの有力な手掛かりの一つです。一般に、四周から等しく圧力を受けているときは体のバランスを崩すことはなく、一種のもたれあいの状態を保てますが、一方の圧力がなくなると、その圧力の空白に向けて体は倒れます。この証言はそのことを語っているのです。

証言者の体の動きを辿っていくと、すぐ後ろに続いていた人も、同じような状況に陥っていたことが想像できます。下り階段で足が進まず前のめりに倒れかかる転倒は、単独の動きとして終わることなく、うしろの人を巻き込む「転倒の連鎖」となり、その現象は上へ上へと伝播していきました。これが事故拡大の原型だったのです。

視界を遮る随神門

人々の動きを考えるうえで見落とせないのが随神門の存在です。中央の開口部は幅がわずか3.14メートル、ここを通って人が出入りしています。この門が視界を遮り、前庭からは外の石段や参道の様子が見えないのです。

事故が始まった0時20分頃は、2度目の参拝をすませた人たちが帰宅行動に移り始めた矢先でした。**写真No.5**には階段を下りる人たちの姿がありますが、これはその先陣と思われます。このとき、**写真No.4**や**No.3**に写っている人たち、つまり参拝者の大部分は依然前庭にいて、順次帰宅へ向けた行動に移っていたことでしょう。このとき、外の石段付近がどのような状況になっているのかは、前庭からは見えていないのです。

随神門を出た石段の最上段は左右に広く張り出したテラス状の踊り場です。地上からの高さは2メートルあまり。周囲には玉垣（石を組んだ垣）が巡らせてあります。

石段は大勢の倒れた人で埋まり通行不能となる一方、門からは帰路につく人たちが途切れることなく出てきます。この踊り場もやがて人でいっぱいとなり、その押し合う圧力が玉垣を押し倒しました。いったん門の外へ出てしまうと、門の狭い開口部を逆進して前庭に戻ることは難しかったのです。

事故は何分くらい継続したのか

事故の始まりは午前0時20分頃。その後どれくらいのあいだ事故は継続し、拡大していったのでしょうか。この点については諸説あり、真実は不明です。たとえば南部秀雄氏は、「これが数分の間にひきおこされたのです（**写真 No.1** 裏書）」、「数十分にて百有余の死亡者（**写真 No.5** 裏書）」と、二様のコメントを残しています。メディアの中には、こうした状態が午前1時ころまで、30～40分間くらい継続したと伝えているものもあります。

いずれにしても、「石段の最下段付近で発生 → 徐々に上に向かって伝播、拡大」という過程を経たとすれば、事故はそれ相当の長い時間継続していたと考えられます。

拡大が止まった

事故の拡大が止まり、事態が静止状態になったときの最終的な状態を、南部氏は**写真 No.5** の台紙裏側にイラストとして書き残しています。それがこの図です。

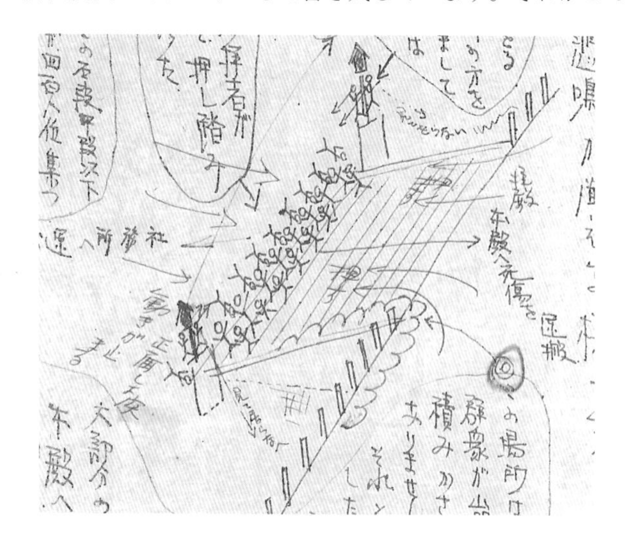

これを見ると、死者は石段の最下段付近の数段にかたまって倒れていることが分かります。よく見ると、最下段の人たちは頭を拝殿の方向に向け、下から２段目３段目の犠牲者は頭を下にして倒れていることがわかります。大変痛ましい光景で、もしこれが写真であれば正視に耐えないでしょう。写真ではなく、イラストで残してくださったことに、南部氏の配慮を感じます。

ところで、124 人という事故の規模を直感的につかめるように、あえてこれを図式化して考えてみましょう。124 という死者の数を、現場となった石段の上に配置してみます。石段の幅は７メートル 70 センチ。人間一人の肩幅を仮に 40 センチ弱とすると、１段に 20 人が並ぶことになります。犠牲者の数はそのざっと６倍です。石段６段分の人たちが、下方でかたまって亡くなっている。これが事故の規模なのです。そこには人の生存限界を超える大きな圧縮の力が働いていました。さぞ苦しかったことでしょう。

南部アルバムに託した思い

南部秀雄氏による写真と記録を紐解くことによって、事故の生成と拡大の過程をここまでは解読することができました。「石段下での正面衝突による群集雪崩現象」は、それらを再検証することで得られた一つの到達点です。

ここで、６点の写真が納められた外箱をあらためて見直してみます。箱は小西六写真工業（株）のレントゲン・フィルムが入っていたもので、裏面のラベルには、「25.4 × 30.5 センチ 12 枚入」とあります。

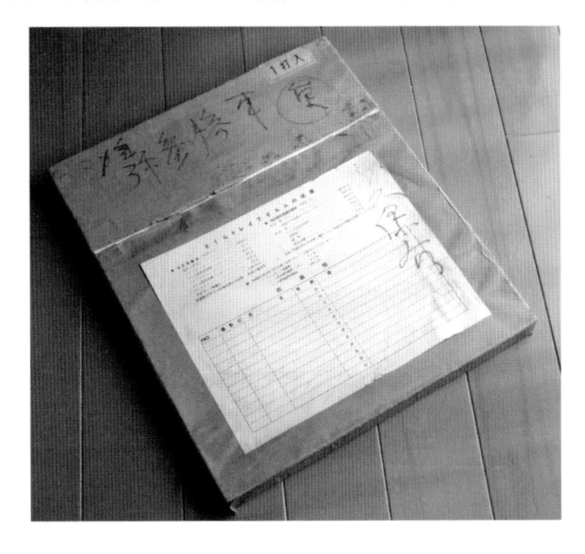

南部秀雄氏は、この箱の内径にぴったりはまる台紙を用意し、そのサイズに合わせて写真を引き伸ばしました。南部氏が写真をこの大きさまで引き伸ばしたの

はこのときが初めてであったようです。それは、〔写真 No.5〕の台紙裏書に「警察官らしき人 懐中電灯を持って居る 四ツ引延し後発見す」とあることから分かります。つまりこれらの写真は、パッケージの外箱を含め、全体がたんねんに作られた南部氏の「作品」だったのです。このようなタイムカプセルを作ることで、南部氏は、事故の真相を何とか後世に伝えたいと願っていました。当時、「周囲にどう説明しても信じてもらえない……」そんないらだちがあったのかもしれません。

残された疑問

ここまでは、ジャーナリストとしての視点から解読を進めてきました。一方で、この事故には、解けない謎や疑問は依然数多く存在しています。例えば、石段下で始まって上へと伝播していった転倒現象と、石段下方にかたまって倒れている犠牲者、この２つをどのように結び付ければよいのかは不明です。あるいは、**写真 No.5**からイラストまでのあいだにはどのようなことがあったのか……、例えば群集全体を巻き込む大きな波動などが起きたのかどうかなど、いずれも筆者の発想の範囲を超えた問題です。さらに、この事故はなぜ 124 人もの犠牲者を出すまでに巨大化してしまったのか……、これは彌彦神社事故の最大の謎と言ってよいでしょう。こうした事柄の解明にはさらなる専門的な研究が必要だと感じています。今後は様々な角度からより専門的な研究が重ねられることを期待しています。

繰り返される群集事故

群衆事故の記録

ここからは視点を広げ、他の群集事故についても概観しながら、群集事故はどのような状況下で起きるのか、そこにはどのような共通因子があるのかなどの事柄を探っていきます。

群集事故の現場となったのは通勤時間帯の駅構内、人気アーティストが出演する劇場の内外、スポーツ観戦時のスタジアム、初詣の参拝者が集う神社、花見や花火大会の会場などさまざまです。このほかにも、年末ジャンボ宝くじの発売時やパチンコ店の新規開店待ちの人垣の中でも事故は起きています。こうした場所には私たちも立ち寄ることがあり、事故は、ある日突然私たち自身にも降りかかってくる可能性があるのです。

近年は集客力の大きな施設や国際的な催しが増えたことから催事の大規模化が進んでいて、これらに参集する群集の安全をどうやって守るかはまさに今日的な課題でもあります。

群集事故は過去繰り返し起きています。日本国内では、過去100年のあいだにおよそ100件、そのうち死者をともなうものは30件あまり発生したという記録があります。戦後に起きた事故の中から主なものを以下に記しておきます。

■新潟市　万代橋（1948年8月23日（月）　午後9時過ぎ）

終戦から3年。信濃川川開きの花火大会でにぎわっていた新潟市の万代橋。スターマインの打ち上げと同時に多数の人が橋の片側に集まり、その圧力で欄干が40メートルにわたって落下して百人あまりが川に転落、11人が亡くなった。

■東京都　神宮球場（1948年11月4日（木）　午前9時頃）

入場無料のプロ野球オープン戦に多数の観客が集まったため、8か所あった入場口のうちの2つを予定より30分早く開門したところ、列が乱れて混乱状態となり、将棋倒し事故が発生。少年2人が死亡した。

■仙台市　県営仙台宮城球場（1950年5月5日（金）　午前8時頃）

球場の竣工を祝って開催されたプロ野球公式戦。未明にはすでに数千人が集まっていたため開場を2時間早め、午前8時に入場を開始したところ、入り口のトンネル内で転倒事故が発生、3人が死亡した。

■東京都　国鉄日暮里駅構内（1952年6月18日（水）　午前7時45分頃）

ダイヤが乱れて激しい混雑となっていた出勤時間帯の駅構内。人の圧力で跨線橋の壁が外れ、十数人が7メートル下の線路上に落下。侵入してきた下り京浜東北線に轢かれて8人が死亡した。

■東京都　皇居前二重橋（1954年1月2日（土）　午後2時過ぎ）

例年より多くの人が訪れた皇居の新年一般参賀。大群衆が渡りつつある二重橋の上で人が転び、それをきっかけに数十人が折り重なって倒れ、16人が死亡した。

■新潟県弥彦村　彌彦神社（1956年1月1日（日）　午前0時20分頃）

初詣の参拝者で混み合う境内で群集雪崩が発生。124人が亡くなるという大惨事になった。

■大阪市　千日前大阪劇場（1956年1月15日（日）　午前9時頃）

美空ひばりの公演が行われる劇場に多数の人がつめかけ、入場券売り場前では、押し合いのうえ転倒した人が重なり合って1人が亡くなった。

■横浜市　横浜公園体育館（1960年3月2日（水）　午後5時45分頃）

民放ラジオ局が主催する歌謡ショー。定員の2倍以上の無料招待券を発行していた。このため満員札止めのあとも入り口に多数がつめかけて将棋倒し事故が発生、12人が死亡した。

■岩手県松尾村（現在八幡平市）　松尾鉱山小学校

（1961年1月1日（日）　午前10時頃）

新年祝賀式のあと、映画会の会場に移る途中で事故が発生。校舎の階段を駆け下りた多数の児童が、階段下の昇降口で折り重なって倒れ、10人が死亡した。

■鹿児島市　鹿児島県立体育館（1965年5月10日（月）　午後6時過ぎ）

この日3回目の西郷輝彦ショー。後援会員を先に入場させたところ、長時間待っていた一般の観客が入り口に殺到して大混乱となり、警備にあたっていた警察官1人が死亡した。

■北九州市　若松文化体育館（1965年10月22日（金）　午後7時20分頃）

西郷輝彦ショー夜の部への観客入れ替え中に、入場を待っていた多数が先を争って入り口に殺到して転倒事故が発生。人り口付近で入場整理をしていた警察官が下敷きとなり1人が死亡した。

■大阪市　大阪造幣局（1967年4月22日（土）　午後8時50分頃）

桜の季節に行われる「造幣局の通り抜け」。夜9時の閉門間際になってもまだ多くの入場待ちの人がいた。幅3メートルの門をもみ合うように入ったところで1人が転倒、その上に多数が折り重なって倒れ1人が死亡した。

■札幌市　中島スポーツセンター（1978年1月27日（金）　午後8時過ぎ）

イギリスのロックバンドの公演中、興奮した観客がステージに押しかけ、1人が死亡した。

■兵庫県西宮市　甲子園球場（1979年3月29日（木）　午前7時過ぎ）

選抜高校野球が開かれていた甲子園球場。当日券の売り出しが始まると同時に列が乱れて混乱、多数が将棋倒しとなり、小学生2人が死亡した。

■兵庫県明石市　朝霧歩道橋（2001年7月21日（土）　午後8時50分前後）

明石市の大蔵海岸で開かれた花火大会は午後8時30分頃に終了。その直後、海岸から引き上げてJR朝霧駅に向かう人と、駅を出てこれから海岸に向かう人の流れが幅6メートルの歩道橋の上でぶつかりあい、身動きができない状況に。その結果、11人が亡くなった。

これらの群集事故はいまだに年配者の記憶に残るものです。この中から、1954年（昭和29年）に起きた皇居前二重橋事故と、2001年（平成13年）に兵庫県明石市で起きた朝霧歩道橋事故の2件を詳しくみてみます。

皇居前二重橋事故

皇居の二重橋で事故が起きたのは彌彦神社事故より2年前、新年一般参賀のさなかのことです。1954年（昭和29年）1月2日（土）の午後、大群集が渡りつつある二重橋の上で人が転び、それをきっかけに数十人が折り重なって倒れ、16人が亡くなるという惨事になりました。

この日のコースは次のように設定されていました。まず、皇居前広場に集まってきた人々は、唯一の入場口である二重橋を渡って皇居に入ります。次いで、記帳所の前を通って宮内庁庁舎のバルコニー前に進み、そのあと坂下門から皇居の外へ退出するという順路です。皇居の中を人の流れが通過する「一方通行」の措置がとられていました。

ところが、午後1時過ぎ頃から、宮内庁玄関前の人の群は動かず、やがて手前の記帳所や二重橋までもが身動きできないほどの状態となりました。このとき、橋の上にロープを張って入場規制が行われましたが、人波に押されてロープ最前列の人たちが苦しみ始めます。そこでロープがゆるめられ、動き出した人波の中で事故が起きました。午後2時15分頃、年配の女性が転んだことがきっかけで、そこに覆いかぶさるように、後続の人たちが次々に転倒したのです。

翌日の朝日新聞には、事故発生時ごろの皇居前広場と二重橋付近を上空から撮影した写真が載っています。この写真には、広い皇居前広場に集まった大集団の流れが二重橋に絞られていく様子がよくとらえられています。

皇居前二重橋事故〔写真提供：朝日新聞社〕

「ボトルネック（瓶の首）」と呼ばれる狭くなった場所では事故が起きやすいことは、警備関係者の間で広く知られていますが、この写真は、そのことを分かりやすい形で伝えています。この事例では、まさにそのボトルネックが事故の現場となったのです。その後、ここでは手前の皇居前広場の段階から整列させる方式に変わり、事故は起きなくなりました。この写真を見ると、催事の雑踏警備は会場内だけに留まらず、その辺縁の広い範囲を含め、巨視的な視点で計画・立案する必要があることが分かります。

朝霧歩道橋事故

兵庫県明石市にある歩道橋の上で事故が起きたのは2001年（平成13年）7月21日（土）のことです。この日明石市の大蔵海岸では夏の花火大会が開かれていました。大会は午後7時30分頃から始まり8時30分頃に終了、8万人あまりの人出があったといいます。事故は花火大会の終了後に起きました。会場の海岸から引き上げてJR朝霧駅の方向に向かう大きな人の流れと、駅を出てこれから海岸に向かう人の動きが幅6メートルの歩道橋の上でぶつかりあい、身動きができない状況になったのです。その結果、幼い子供を中心に11人が亡くなり、247人が重軽傷を負うという群集事故となりました。

事故のあと、明石市はただちに外部委員による「明石市民夏まつり事故調査委員会」を設置して事故原因の究明にあたり、翌年1月に「第32回明石市民夏まつりにおける花火大会事故調査報告書」を発表しました。本書の内容は、この報告書に全面的に依拠していることをお断りしておきます。事故の再発防止を願って報告書は出版され、明石市のホームページ上でも公開されていますので、ぜひ原典をご参照ください。

現場の形状

明石海峡に面したこのあたりは海岸線に沿って段丘が続いていて、会場の最寄り駅、JR朝霧駅付近の街区はその高台の上に築かれています。朝霧歩道橋は、高台にある朝霧駅前ロータリーから大蔵海岸に向けてまっすぐにのび、街と海岸を直結しています。歩道橋の下には、JR山陽線の複々線の線路と山陽電鉄の上下線あわせて6路線、それに国道2号線など交通の大動脈が走り、街と海岸とを分断しています。ここを横断することはできません。北の市街地と南の海岸をこの付近で結ぶ通路はこの歩道橋だけです。

歩道橋の幅は6メートル、長さは106.7メートルあり、透明なポリカーボネイド板が両サイドに貼られ、歩行者を強風から守っています。

歩道橋の南端近くにはほぼ直角に右折して海岸へ降りる48段の階段があります。幅は3メートルで、歩道橋の幅のちょうど半分です。ここがボトルネックになっていました。

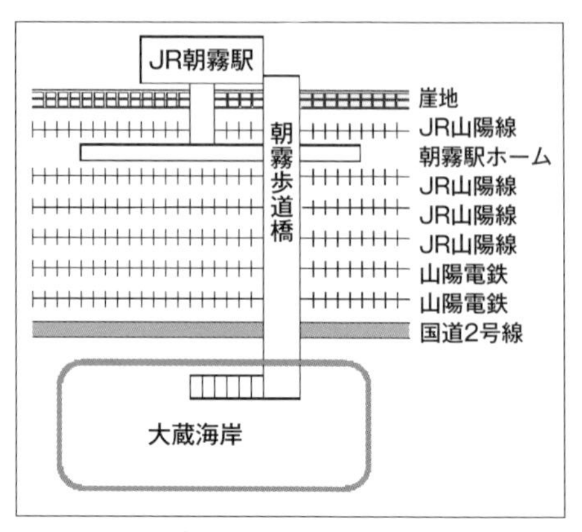

歩道橋付近の概念図

現場となった橋の南端付近
台の上には花やお菓子、ぬいぐるみ、鯉のぼりなどが供えられています。

事故の経緯

美しい風景のなか、楽しい思い出となるはずだった夏の夜の花火大会。会場には多くの親子連れの姿がありました。事故による犠牲者11人のうち9人は幼い子どもです。歩道橋の上では一体どのようなことが起きていたのでしょうか。事故の経緯について、「第32回明石市民夏まつりにおける花火大会事故調査報告書」は次のように記述しています。

■花火打ち上げが終了する少し前ころから帰路に就き階段を上がる群衆の動きが起こり、進行方向の相反する2つの群衆は相互に対抗しあってその密度が1平方メートル当たり13人を超えていると推測される超過密状態となり、歩道橋南端付近の人々は、南北方向、東西方向をはじめ多角的方面からの力で、数回揺れ、多くの者はつま先立ち、片足立ち、さらには両足が浮いたりする人もいた。

■歩道橋上の観客は、身動きもできない状況となり、110番通報をする者が続出したが、混雑により救出要請の電話が通じなかったり、通信混雑や電波状態によるためか、110番に繋がり難く、観客の意は通じ難かった。方々から怒鳴り声や子供達の泣き声が聞こえ、群衆の中からは順番に駅の方へ「戻ってください……」と意思を伝えたりしていたが、駅の方に向って「戻れ」という声と海岸の方に「戻れ」という声で騒然としてきた。そんな中で1人の「あかん。みんな戻れ！」との一声をきっかけに「戻れ！戻れ！」と一斉にかけ声が始まった。これに応じて引き返す観客もあったが、密度の高い所では、その効果は感じられなかった。また、歩道橋南階段下付近にいる警察官の姿を見て、一斉にポリカーボネイド板を叩き助けを求めたが、これに気付いてくれる警察官は無く、歩道橋上の観客らの意は通じなかった。

■午後8時45分ころから同50分過ぎころにかけて、北から南にじわ～とした力が加わり、一部の人は失神し、一部の人は押さえ込まれる様に倒れ込む小規模な転倒が発生した。身長の低い者は押さえつけられ、高い者は浮き上がり気味となり斜めになりながら耐えていた。そのような状況で、何人もの人の体重が加算され1メートル幅当たり約400キログラムの力がかかっていると推定されるひしめき合いのうち、斜めになりながら堪えていた人々はバランスを失い、飛ばされ、倒れ込み、絡み合い、折り重なり合って大規模な転倒が発生した。

同報告書には事故の経緯がこのように記されています。大混乱の中で子どもをかばいきれず、腕の中で我が子を死なせてしまった親の気持ちはどれほど辛かったことでしょう。

警備計画と警備態勢

このような事態に立ち至った背景には、警備計画や当日の警備態勢に大きな問題があったことが指摘されています。まず、民間警備会社が作った分厚い警備計画書が、別の催事の警備計画をコピーしたものである疑いが指摘されているのです。

そして、当日の警備態勢にも問題があったようです。主催団体、民間警備会社、警察、それぞれの警備陣は次のようなものでした。

まず、主催者の従事職員数は88人でした。ただし、その担務は会場案内や駐停車対策、迷子の保護などで、歩道橋への進入規制などは担当業務に入っていませんでした。

警備会社はこの催事に137人の警備員を動員しました。このうち、朝霧歩道橋を含む警備区（第３警備区）には16人を充てていました。

警察は349人の態勢でこの行事に臨んでいました。その内訳は、明石警察署本部11人、現地本部と雑踏対策に46人、事件対策102人、暴走族対策に190人となっています。このうち雑踏警備班は現場指揮官１、伝令１を含め16人で構成されていて、会場の東広場に８人、西広場には８人が配置されていました。

こうした態勢がとられていたにもかかわらず事故は起きました。注目すべき点は、大勢の人が苦しみ、事故が起きているという事実が、警備担当者になかなか届かなかったということです。これはコミュニケーション上の問題として考えることもできますが、それ以前に、そもそも群集事故への警戒が、関係者のあいだで想起されていなかったのではないかということが指摘されています。349人を投入した警察の警備。しかしその主眼は暴走族対策であったのです。

集団に内在する事故エネルギー

これまで検討してきた皇居前二重橋事故、彌彦神社事故、朝霧歩道橋事故の３件は、いずれも、群集の動線上に「閉塞点」ができたことで事故が始まりました。前進も後退もできない閉塞点では、単に人の流れが止まるだけでなく、時間の経過とともに人同士の間隔が次第に「密」になります。さらに後続の流れが止まらない限り、人体同士を圧迫する圧力は上昇を続け、それが生存限界を超えれば事故になります。

集団内部の圧力を上昇させるエネルギーはどこから供給されるのでしょうか。それは、人々の「前進しようとする意思」そのものにあります。これは決して「悪意」に基づくものではなく、また「不健全な思想」でもありません。「前進意思」は全くの合目的的な意思なのです。目的に向かって前進するためにそこに居るわけですから、全体状況がわからなければその意思を貫こうとするでしょう。これを阻止するには外からの大きな力の介入が必要ですが、力の介入がないまま集団全員が前進意思を持ち続けていれば、圧縮エネルギーは供給され続けます。このように、前進する集団の中には群集事故を引き起こすエネルギーがもともと内在していることが考えられるのです。

この考えは、彌彦神社事故の**「写真 No.5」**を隅々まで精査した結果得られたものでもあります。そこに写っているのは、石段最下段付近で事故が始まっているにもかかわらず、大多数の人々はそれに気付かず、前進行為を続けている姿です。前進を続けるこれらの人々に悪意はありませんし、騒ぎを起こそうという意図もありません。自分たちも、知らないうちにそのまま事故の渦中に巻き込まれていくのです。これが、あの大事故の始まりでした。

過去に起きた事故の報告書の中には、「酔っ払いが騒いでいた」「暴れる人がいた」「警備関係者が体格の大きい人に威嚇された」などの記述が載っているものがあります。これらはしかし副次的な要因に過ぎないのかも知れません。事故の発生原理は他の所にあるのかも知れないのです。その解明はこれからの課題です。

この潜在しているエネルギーを顕在化させないことこそが警備陣の役割です。

7 雑踏警備のいま

一方通行での事故

過去に起きた大事故のうち、彌彦神社事故と朝霧歩道橋事故は正面衝突型の事故でした。

その反省から、いまはできる限り一方通行にする措置がとられるようになりました。しかし、皇居前二重橋事故のように、一方通行にして集団全員が同じ方向に進んでいるときにも事故は起きます。多数の群集事故を調べると、一方通行型の事故の方が発生頻度は高いのです。過去の事故例の中から主な一方通行型の事故をピックアップしてみます。

- ■**東京都　神宮球場**（1948年）　入場の列が乱れて将棋倒し事故が発生。少年2人が死亡。
- ■**仙台市　県営仙台宮城球場**（1950年）　入場の際入り口近くで転倒事故が発生、3人が死亡。
- ■**東京都　皇居前二重橋**（1954年）　人が転ぶと同時に数十人が折り重なって倒れ、16人死亡。
- ■**大阪市　千日前大阪劇場**（1956年）　入場券売り場前で転倒した人が重なり合い1人死亡。
- ■**横浜市　横浜公園体育館**（1960年）　入り口で将棋倒し事故が発生、12人が死亡。
- ■**岩手県　松尾鉱山小学校**（1961年）　階段を駆け下りた児童が折り重なって倒れ、10人死亡。
- ■**鹿児島市　鹿児島県立体育館**（1965年）　入り口が大混乱、警備の警察官一人が死亡。
- ■**北九州市　若松文化体育館**（1965年）　入り口で転倒事故が発生。警察官が下敷きとなり死亡。
- ■**大阪市　大阪造幣局**（1967年）　もみ合いのうえ一人が転倒、多数が折り重なり1人が死亡。

■札幌市　中島スポーツセンター（1978年）　公演中に観客がステージに押しかけ、1人が死亡。
■西宮市　甲子園球場（1979年）　当日券の販売開始と同時に多数が将棋倒し、小学生2人死亡。

このように、一方通行にしたからそれだけで安全というわけではありません。そこには、一方通行に加えてさらなる予防策が必要なのです。例えば会場内が混みすぎてきた場合などには入場を一時的に止める必要がでてきます。このとき、1か所だけで止めると、皇居前二重橋事故のような事態に陥ることがあり、うしろからの「押し圧力」も同時に規制しなければ事故を防ぐことはできません。それがうまくいかないと事故になるのです。

前年まで事故がなかった彌彦神社

彌彦神社で毎年同じように繰り返されてきた初詣ですが、前年までは一方通行の規制をしていなかったにも拘わらず事故はありませんでした。これはどう考えたらよいのでしょうか。その理由は、二年詣りという習慣にともなう人の動きそのものにあったと考えられます。

大晦日の深夜は、もともと拝殿に向かう上り一方通行状態だったのです。そして0時を過ぎて2回目の参拝が終われば帰宅行動による下り一方通行状態に切り替わり、上り下りの局面がはっきり変わることで、もともと一方通行状態であったため事故は起きなかったと考えられます。問題となった餅まきは前年から始まり、前年は事故なく終わっています。事故のあった年も、餅まき終了後にいたるまで事故は起きませんでした。餅まきをやったことは、事故の直接の原因ではありませんでした。ところがその後、“参拝”列車が弥彦駅に遅れて到着するという予期せぬことが起こりました。前年と異なるのはまさにこの点です。列車一編成分の参拝者たちは神社への道を急ぎ、石段の下へ到着したところで、上から降り始めた大集団と鉢合わせとなり事故に発展しました。列車の延着という「事態の急変」があったために起きた事故であったのです。

警備状況はどうだったのか

ところで、事故当時の彌彦神社の警備態勢はどうだったのでしょう。この点については「彌彦神社御遷座百年誌」の中に次のような記述があります。

> 警察側の警備態勢は、昨年よりも多く、三個分隊三六名を配置して、参詣人の繰り出す夜八時頃から神社周辺の警備に当っていた。しかし警備といってもこの大惨事を予想しての取締りではなく、バスなど車の整理、祭りに乗じた暴力行為の取締まりが主なねらいだったという（巻警察署長談）。
>
> 警察では署員を三班に分け、一班が駅付近、二班が駅から神社まで、三班が神社と配置した。これからすると、境内の警備に当ったものはわずか十数名だったことになる。一の鳥居から二の鳥居まで約 100 メートル、二の鳥居から随神門まで約 100 メートルあるので、せいぜい見回りするのが精一杯である。事故が発生したとき現場に警察官は三名位いたというが、わずか三名では整理できる人の渦ではなかった。

大きく変わった翌年の警備体制

事故から１年後、翌年の二年詣りは実施内容や警備体制が大きく変わりました。「彌彦神社御遷座百年誌」は、この点を、地元紙からの引用として次のように伝えています。

> 一年前、大惨事を起した彌彦神社二年詣りの警備には、県警と地元巻署が前例を繰り返さぬため、徹底的な検討を加え、群集整理の計画を立てた。二十八日には本部長自ら実地を見回り「計画は万全だ」と最終計画を確認した。
>
> 当日は神社側も自粛し、花火、餅まきは一切やめ、警備には隣接新潟東、三条、与板、内野、燕各署を動員し、警察官約百五十名と村の青年団、消防団七十名が警備本部の指揮下に入り、予定では本部長も現地に行く。
>
> 神社境内は特殊地域といっても、こんどは随神門下に一個小隊の警察官を置き、沿道に消防団、警察官を立たせ、参詣者は表参道、帰路は拝殿前左右の裏参道を通らせて一方通行とし、駅・新潟方面への帰宅者は左裏参道を順路に定め、暗がりに八十六個の電灯を取り付けた。

事故後の警備態勢

彌彦神社は事故のあと一方通行措置を導入しました。参道は拝殿に向かう一方通行とし、参拝後の帰路は、拝殿前広場の左右にある出口を出て山地を下るルートです。さらに、拝殿前の混雑がひどくなれば、参道の途中「複数か所」でいつでもロープ規制が行える態勢が整えられています。この方式に変えたあとは、事故の再発はありません。このやり方は、実は全国の様々な催事の場で広く行われているものなのです。東京の明治神宮の初詣警備でも同様の方法がとられています。その例をみてみましょう。

明治神宮の初詣警備

東京都渋谷区にある明治神宮は正月三が日の初詣客が例年 300 万人前後に達し、神社としては全国最大規模の人出となりますが、これまで大きな事故が起きたことはありません。都心に位置する明治神宮は 70 万㎡の境内が森林におおわれ、貴重な緑地を形成しています。この中に、社殿をはじめ客殿や神楽殿などの建築物が配置され、その間を参道がつないでいます。主な入場口は３か所あり、それぞれに鉄道駅があります。

明治神宮の初詣〔写真提供：警視庁〕

ここでの雑踏警備は次のように行われています。3つの参道は普段は自由に出入りできますが、大晦日の夜からは一方通行に切り替えられます。入場は南側にある表参道側だけに限られ、拝殿に達したあとは東西に分かれて退場します。ちょうどアルファベットの「Y」の字を下から辿るような形です。

さらに、人の流れをいくつかに区切る分断規制も行われます。拝殿に達するまでのあいだに、混雑の度合いが増すとテープを張って前進を止め、このとき、後方でも同様の規制が準備されます。後ろからの「押し圧力」を止める狙いです。これによって混乱を防いでいるのです。

参拝者たちは規制に従って粛々と前進、停止を繰り返しながら拝殿へと進んでゆきます。この場合のテープは力ずくでの「阻止線」ではなく、交差点の赤信号と同じ「社会的ルール」として認識されているようです。このとき、前方で規制が行われている様子が後方集団から見えていれば、警備側と群集双方の暗黙の了解が一層成り立ちやすいでしょう。このように、一方通行は、他の手段と併用してはじめて安全を確保することができるのです。こうした事故防止の様々な方策は、過去の事故例を検討分析することによって徐々に整えられてきました。

事故の報告や記録は真実でなければなりません。真実であればこそ、それに科学的な分析検討を加えることで、次の事故を未然に防ぐ知見を引き出すことができるのです。

8 終章　恩讐（おんしゅう）を越えて

当時の社会とくらし

昭和三十年代初頭の日本は、戦前から続く農業国としての性格を色濃く残していました。1955年（昭和30年）の国勢調査では、全国の就労者のうち40％が農業従事者だったのです。農村は豊かな人口を抱え、「過疎」という言葉もありませんでした。農村では、季節の行事や神社の祭礼、伝統芸能の活動などが盛んでした。

このころの私たちの暮らしは今よりもはるかに質素でした。思い出すのは、我が家には水道がなかったことです。学校から帰ると、広場にある共同水道から家の水がめまで水を運ぶことが日課でした。台所の調理用熱源といえば、大抵の家が七輪を使い、薪や炭などの木質系、それにマメタンや練炭などの石炭系が燃料の主流だったのです。家電時代はまだ到来せず、住宅の壁にはコンセントがありませんでしたので、ラジオを聴くときはまず電灯線から電球を外してソケットに付け替え、そこにラジオの電源コードをつないで聴いていました。経済的にゆとりがある家には自転車があり、子ども心にもそれは羨ましかったです。一般家庭には電話がほとんどなく、もちろん自家用車もありません。そうした生活を不自由と感じることはありませんでした。それが当たり前だったのです。

世の中の動静を伝えるメディアとしてまず挙げられるのは新聞です。このころの新聞は、今よりもはるかに大きな影響力と存在感を持っていました。

一方、テレビの放送が始まったのはつい３年前。高価だった受像機は一般家庭にはなかなか普及せず、人々は広場に設置された街頭テレビで力道山が活躍するプロレスの中継を楽しみました。放送はまだ実質的にはラジオ時代だったのです。動画でニュースを見られる機会といえば、映画の途中に挿入される短いニュース映画だけでした。本書冒頭で紹介したチラシ（P.5参照）もそうしたものの一つです。彌彦神社事故が起きたのはそんな時代だったのです。

あれから時代は大きく変わりました。時代が変わったとはいえ、現代社会に生きる私たちがあの事故から学びとれることは決して少なくありません。事故の詳細がはっきりした今が事例研究の好機です。

地域を挙げて被災者支援

ここで、彌彦神社事故をめぐる神社と地域社会のその後の動きについて記しておきます。大きな犠牲を伴っただけに、この事故は当時の地域社会に激しい衝撃を与えました。単に一神社で起きた事象であることを超え、その克服には多くの地域組織などが加わり、長い年月を要したのです。

最初に問題になったのが犠牲者への補償をどうするかということです。神社では、社有の財産である樹木を伐採して原資を作り、それを「弔慰金」に充てることを決めるなど、主体的にこの課題に取り組みました。一方、新潟県も弔慰金の支出を決め、続いて地元弥彦村も同様の決定をしました。また新潟県西蒲原郡連合婦人会や神社本庁、彌彦神社氏子会など様々な団体からは御供料や見舞金が寄せられ、遺族や負傷者に届けられました。

事故当事者たちへの非難を繰り返していた新聞の中にも遺族の支援に乗り出したところがあります。地元の新潟日報社では、日赤新潟県支部と共同で義援金を募るキャンペーンを始めました。このことは早くも１月３日付の朝刊で告げられています。犠牲者への補償という差し迫った現実的課題に対しては、非難する側される側の立場を超え、地域が一体となって立ち上がったのです。

もう一つの課題

犠牲者を年齢階層別にみると、表のとおり、最多は20歳代の43人（35%）です。これら多くの若者が亡くなったあとには大勢の幼い子どもたちが遺されました。将来この遺児たちが成長して進学時期に差しかかったとき、経済的にそれをどう支えるかがもう一つの課題として浮かび上がったのです。それを支援する仕組みとして神社は独自の奨学金制度を創設し、翌年４月から運用を始めました。

金額は、高校生は月額千円、大学生のうち県内進学者は二千円、県外は三千円です。現在の感覚からすると少ないように思えますが、この額は当時の日本育英会の貸与水準にほぼ匹敵する額ですので、受給者にとってはずいぶん助かったのではないでしょうか。奨

犠牲者の年齢階層	
10歳未満	1人
10歳代	31人
20歳代	43人
30歳代	12人
40歳代	19人
50歳代	13人
60歳代	4人
70歳代	1人
合　計	124人

学金は延べ52人の子弟に支給され、昭和40年、最後の受給者が卒業したのを機にその役割を終えました。事故から９年後のことです。

一時は地域社会に激しい対立と分断を起こしかけた事故ですが、こうして地域を挙げて課題に取り組むことで克服への道筋が拓かれていきました。何か事があれば助け合う相互扶助の精神と社会的復元力はしっかり機能していました。こうした経緯を経たのち、神社にも、やがて時代の節目が訪れました。

時代は変わる

境内の桜苑の中央には犠牲者を悼む慰霊碑があり、花の季節には桜花に包まれます。ここでは年忌ごとに関係者が集い、慰霊祭が営まれてきました。しかし時の流れとともに参集する遺族の数が少なくなり、1988年（昭和63年）の慰霊33年祭を以て幕となりました。翌年には年号が平成に変わり、事故はいま昭和の歴史の中で静かに眠っています。

非難から共感へ

南部アルバムをもとにした今回の再検証では様々なことが明らかになりました。中でも重要なことは、事故発生のきっかけとなったのが餅まきという「内因」ではなく、列車の延着という「外因」であるという事実がはっきりしたことです。数多くの文献やインターネット上の記事では今も初期報道と同じ内容が繰り返し伝えられていますが、「餅まき」と彌彦神社事故とをダイレクトに結び付けて考えることは、もはや適切ではありません。

「餅まきをやったのが悪かった」、「神社の人寄せ、金もうけ主義が原因」などの非難にさらされてきた彌彦神社。そして「群集の無秩序な行動にも原因」、「モチ一個のために野獣化」などの批判を浴びた当時の参拝者たち。こうした非難のいずれもが的外れであったことも明らかです。肉親を突然失った遺族たちの悲嘆、苦しみ、やり場のない憤り。それに対しては、批判よりも共感の方がはるかにふさわしいのです。事故から65年もの年月が経ってしまいましたが、当事者たちに対する共感の輪があらためて広がってほしいと筆者は感じています。

事故の真実が広く知られ、彌彦神社と当時の初詣客たちの名誉が回復されること、そして、124の御霊（みたま）に真の平安が訪れることを心から祈っています。

あとがき

私は長年災害現場に足を運んで記事や報告を書き、災害の未然防止やくらしの中の安全問題を問い続けてきました。本書はそうしたジャーナリストとしての視点でまとめたものです。本書に対しては、より専門的な立場からのご意見が寄せられることを期待いたします。

筆者の記憶に残る事故の中でもとりわけ大きな衝撃をうけたのは2001年(平成13年)に兵庫県で起きた明石市朝霧歩道橋事故です。このとき、過去に起きた事故例の中から彌彦神社事故に焦点を当てて調べ直しました。当時の新聞に載った写真に、「撮影 南部秀雄氏」の名前があり、その存在を知ってお宅をお訪ねしたのです。南部氏はすでに亡くなっていて、ふさえ未亡人から「さしあげます」といって差し出されたのが箱入りの南部アルバムと、当時の新聞や週刊誌を集めた資料集です。その後ご子息も亡くなり、南部氏の人物像については本書で紹介した以上の詳しいことはわかりません。もっとよく伺っておけばよかったと、残念に思っています。

入手後ただちにこれを短い論文にまとめ、2001年秋の日本災害情報学会研究発表大会で発表しました。その後近代消防社の三井栄志代表取締役から、これを一冊の本にまとめてはどうかというお勧めをいただき、それが本書を書き起こすきっかけとなりました。

南部アルバムと関連資料については、世の多くの研究者がこれに新しい光を当ててくださることを期待して、いずれかの公共図書館に寄託しようと考えています。

執筆にあたっては、彌彦神社禰宜(ねぎ)の相馬正幸様から貴重な資料のご提供をいただきました。警視庁警備部からは、群集事故一般についての有益な情報をいただきました。また、友人の舟橋三十子さん(浜松学院大学客員教授)は、執筆に必要な基礎資料の所在をつきとめ、コピーを取り寄せるなどの手助けをして下さり、大変助かりました。

方私生活の面では、呼吸器の専門医、小清水直樹先生に長年助けていただいています。82歳の今日にいたるまで調査執筆活動を続けてこられたのは小清水先生のお陰です。こうした多くの人の支えがあって本書を書き上げることができました。ありがとうございました。

令和３年10月

中　川　洋　一

索　引

や

よ

れ

著者略歴

中川　洋一（日本災害情報学会会員）

立教大学卒業と同時にNHKに入局。名古屋放送局チーフ・アナウンサーなどを経て報道番組部チーフ・ディレクターに転じ、ニュース番組の制作に従事。定年後は浜松学院大学と常葉学園短期大学で教壇に立つ。この間、静岡総合研究機構 防災情報研究所外部研究員、静岡県立大学防災総合講座講師などを務めた。

【著書】

「データと写真が明かす命を守る住まい方　地震に備え 生存空間を作ろう」2017年　近代消防社

【主な発表論文】

「地震予知における防災モデルの提案」1999年　日本災害情報学会
「鳥取県西部地震速報・産業と行政への影響」2000年　カリフォルニア州立大学
「鳥取県西部地震・住宅内部被害の一事例」2000年　静岡総合研究機構 防災情報研究所
「緊急報告・兵庫県明石市歩道橋事故」2000年　日本災害情報学会
「新潟県中越地震・小千谷総合病院の被害」2005年　日本災害情報学会
「駿河湾の地震・死傷原因の傾向と課題」2009年　日本災害情報学会

餅まきが原因ではなかった!!
彌彦神社事故の真実

定価 980 円
（本体 891 ＋税 10%）

著　者　中　川　洋　一 ©2021 Yoichi Nakagawa
発　行　令和３年 11 月１日（初　版）
発行者　近　代　消　防　社
　　　　三　井　栄　志

発行所

近　代　消　防　社

〒105-0021　東京都港区東新橋１丁目１番 19 号
（ヤクルト本社ビル内）
TEL　東 京（03）5962－8831㈹
FAX　東 京（03）5962－8835
URL　https://www.ff-inc.co.jp
E-mail　kinshou@ff-inc.co.jp
〈振替　00180-6-461　00180-5-1185〉

印刷　創文堂印刷株式会社

ISBN978-4-421-00959-0 C0021〈乱丁・落丁の場合はお取替え致します。〉